包头黄河国家湿地
鸟类生态图鉴

自然珍藏图鉴丛书

包头黄河国家湿地

Birds

鸟类生态图鉴

刘利　刘晓光 / 编著

华中科技大学出版社
http://press.hust.edu.cn
中国·武汉

包头黄河国家湿地鸟类生态图鉴　　　　　　　刘　利　刘晓光　编著
Baotou Huanghe Guojia Shidi Niaolei Shengtai Tujian

图书在版编目（CIP）数据

包头黄河国家湿地鸟类生态图鉴 / 刘利，刘晓光编著 . —武汉：华中科技大学
出版社，2023.2

ISBN 978-7-5680-8939-5

Ⅰ.①包…　Ⅱ.①刘…　②刘…　Ⅲ.①沼泽化地－国家公园－鸟类－包
头－图集　Ⅳ.① Q959.708-64

中国版本图书馆 CIP 数据核字（2022）第 256931 号

策划编辑：罗　伟	
责任编辑：曾奇峰　余　琼　毛晶晶	封面设计：廖亚萍
责任校对：刘　竣	责任监印：周治超

出版发行：华中科技大学出版社（中国·武汉）　　　电话：（027）81321913
　　　　　武汉市东湖新技术开发区华工科技园　　　　邮编：430223

录　排：华中科技大学惠友文印中心
印　刷：湖北金港彩印有限公司
开　本：880 mm×1230 mm　1/16
印　张：16.5
字　数：310 千字
版　次：2023 年 2 月第 1 版第 1 次印刷
定　价：168.00 元

前言

内蒙古包头黄河国家湿地公园位于内蒙古包头市南部，黄河北岸，地理坐标北纬40°14′39″—40°33′20″；东经109°25′51″—111°1′36″，涉及包头市九原区、稀土高新区、东河区、土默特右旗4个旗县区共18个行政村，由昭君岛、小白河、南海湖、共中海、敕勒川5个片区组成，总面积12222公顷。该湿地公园位于黄河几字弯这"几"字的一横上，是沿着黄土高原纬度分布的寒冷干旱地区的大型国家湿地公园。受凌汛期影响，黄河水位抬升，淹没大面积农田，湿地面积扩大，为众多候鸟提供了能量补给。

该湿地公园地处东亚—澳大利西亚和中亚两条全球候鸟迁徙线路的交汇区域，在迁徙季节是以天鹅为首的众多珍稀候鸟的重要栖息地和能量补充地，同时也是鸭科、鹭科、鸥科等鸟类的繁殖地。该湿地公园地势从西北到东南逐渐降低，境内有湖泊、沼泽和滩涂地，生境复杂，孕育了丰富的野生动物资源。2013—2022年包头师范学院动物生态学研究团队完成了该区域生物多样性调查工作，积累了大量野生动物照片、物种鉴别经验和野生动物分布信息，尤其是包头黄河国家湿地野生水鸟资料，因此组织专家编写了本图鉴。

本图鉴的分类系统以郑光美主编的《中国鸟类分类与分布名录》（第三版，2017年）为主要参考依据。本图鉴收录的照片是由包头师范学院动物生态学研究团队调查队员，多年来在包头黄河国家湿地公园调查积累的，这些照片涉及包头黄河国家湿地

公园中的湿地、森林、农田、滩涂等多种生境中的候鸟。全书由刘利和张乐负责统稿及鸟类照片鉴定，鸟类的文字部分由刘利编写，图鉴中的照片由刘利、刘晓光、张乐、刘云鹏、高丽和杜超提供。

本书的编写得到包头师范学院黄河流域生态保护和高质量发展研究院科研项目(No.BSYHY202216)、鄂尔多斯遗鸥国家级自然保护区生境变化对遗鸥影响及湿地恢复成效评估项目(No.30437020)、梅力更自然保护区和昆都仑河国家湿地公园野生动植物本底调查项目(No.30437019)和包头师范学院支持地方经济社会发展项目(2018-10)资助，在此表示感谢。

由于编著者水平有限，疏漏和错误在所难免，请读者批评指正。

编著者

目录

䴙䴘目（Podicipediformes） 䴙䴘科（Podicipedidae）

小䴙䴘

英 文 名：Little Grebe

学 名：*Tachybaptus ruficollis*

形 态 特 征：全长约 26 cm。眼圈黄色，嘴黑色，跗跖和趾蓝灰色。夏羽、头和上体黑褐色，颊、颈侧红栗色；肩、背、腰及翅上覆羽深棕褐色；尾羽灰白色。冬羽额部至上体棕褐色；嘴喙土黄色，背部羽毛黑褐色，尾羽白色。身体短圆。

习性与分布：栖息于湿地浅水、湖泊中，善游泳、潜水，繁殖期 6—7 月，每窝产卵 4 ～ 7 枚，孵卵 22 ～ 26 天。分布广泛。在当地 5—10 月可见，夏候鸟。

凤头䴙䴘

英 文 名：Great Crested Grebe

学　　名：*Podiceps cristatus*

形态特征：全长约 56 cm。嘴长而尖，呈锥形；下体白色，上体灰褐色。上颈有一圈带黑色的棕色羽毛，两翅暗褐色，胸和两胁淡棕色。

冬羽羽色较夏羽暗，上体黑褐色。虹膜橙黄色。嘴基红色、尖端白色。跗跖和趾青色。

习性与分布：栖息于湖泊、江河、水库及沼泽地带，适应在明水区活动，潜水能力强，以软体动物、鱼、虾及水生植物等为食。繁殖期 5—7 月，每窝产卵 4～5 枚。在中国分布广泛。在当地 3—10 月可见，为当地优势种。夏候鸟。

黑颈䴙䴘

英 文 名：Black-Necked Grebe

学 名：*Podiceps nigricollis*

形 态 特 征：全长约 30 cm。嘴黑色，夏羽、头、颈、上体黑色；耳后方长有金色扇形饰羽。冬羽头侧的饰羽和头部的羽冠消失，上体淡灰黑色。虹膜橙红色。

习性与分布：栖息于水库、荷塘、湖泊、湿地。以鱼、虾等水生动物为食。繁殖期 4—7 月，在水上以蒲草、芦苇筑浮巢，每窝产卵 3 ~ 7 枚。分布广泛，国内除西藏、海南外，见于各省。当地 5—9 月可见。夏候鸟。

鹳形目（Ciconiiformes）
鸬鹚科（Phalacrocoracidae）

普通鸬鹚

英 文 名：Great Cormorant

学　　名：*Phalacrocorax carbo*

形态特征：全长约 90 cm，额、头、枕颈部及羽冠黑色，并有白色丝状羽，眼圈蓝色，嘴、跗跖和趾黑色，全身黑色并具有紫色金属光泽；上嘴弯曲呈钩状；脸颊为白色。
繁殖期间长有红色的斑；喉白色，两胁具白斑，冬季消失。

习性与分布：喜成群栖息于河湖岸边、水库等水域。以捕鱼为食。在岸边用枯枝、干草营巢。
国内分布广泛。旅鸟、夏候鸟。

鹳形目（Ciconiiformes） 鹭科（Ardeidae）

苍鹭

英 文 名：Grey Heron

学 名：*Ardea cinerea*

形态特征：全长约 100 cm，虹膜黄色，眼圈黄色，爪黑色。头顶两侧及枕部黑色，上体灰色，下体白色，前颈有 2～3 条纵列黑斑。雄鸟头顶有两条黑色长形辫状饰羽，繁殖期后，羽冠脱落，体色变深。

习性与分布：栖息于江河、湖边。以鱼、虾、昆虫为食。常单独涉水或长时间在水边站立，可达数小时之久。晚上多成群栖息于高大的树上。繁殖期 4—6 月，每窝产卵 3～6 枚，筑巢于高大乔木上或苇丛中。国内各省常见，当地常见，夏候鸟。

谁道群生性命微，一般骨肉一般皮。
劝君莫打枝头鸟，子在巢中望母归。

草鹭

英 文 名：Purple Heron

学　　名：*Ardea purpurea*

形 态 特 征：全长约95 cm，眼黄色，眼先黄绿色，嘴黄褐色，头顶蓝黑色。
枕具两条黑色长形辫状饰羽。颈细长，栗褐色，两侧有黑蓝色纵纹，前颈下部有灰色饰羽。
上体栗褐色，胸、腹中央铅灰色，两侧暗栗色。

习性与分布：栖息于稠密的芦苇沼泽或水域附近灌丛中，活动时彼此分散或成对觅食，休息时则多聚集在一起。
以鱼、虾、昆虫等动物性食物为食。觅食活动在白天，繁殖期5—7月，每窝产卵3～5枚。当地常见，数量较少，夏候鸟。

大白鹭

英 文 名：Large Egret

学　　名：*Ardea alba*

形 态 特 征：全长约 95 cm，全身白色，嘴、颈、跗跖和趾特别长，眼黄色，跗跖、趾及爪黑色。
夏羽、眼先黄绿色，嘴黄色；繁殖期颈和肩部具细长蓑羽，眼先黄色，嘴黄色。

习性与分布：栖息于湖泊、河流、沼泽等水域附近，喜小群岸边取食鱼、虾、昆虫等。
繁殖期 5—7 月，营巢于高大的树上或芦苇丛中，多集群营巢。每窝产卵 3 ~ 6 枚。
分布广泛，国内繁殖于东北、华北及新疆地区，当地常见，夏候鸟。

白鹭

英 文 名：Little Egret

学　　名：*Egretta garzetta*

形 态 特 征：全长约 60 cm，嘴及腿黑色，趾黄色，繁殖期羽纯白色，颈背具细长饰羽。
虹膜黄色；脸部裸露，皮肤黄绿色，繁殖期为淡粉色。

习性与分布：栖息于稻田、河岸、沙滩、泥滩及沿海小溪流。
成散群进食，常与其他种类混群。以鱼类、两栖类、爬虫类及甲壳动物等为食。
在乔木或地面筑巢。繁殖期 4—7 月，每窝产卵 3 ~ 6 枚。
国内广泛分布，当地常见，夏候鸟。

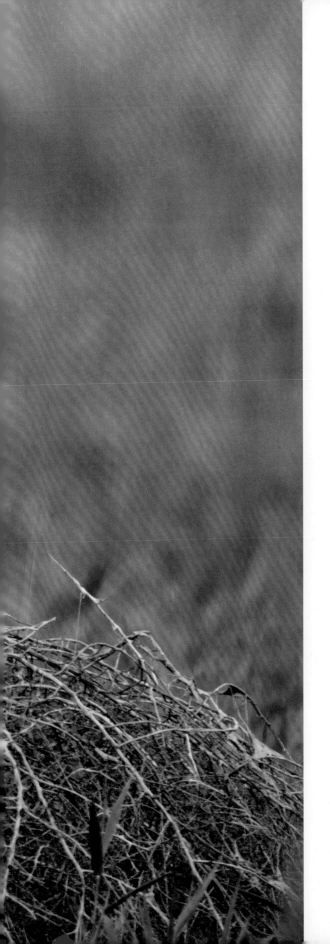

牛背鹭

英　文　名：Cattle Egret

学　　　名：*Bubulcus ibis*

形 态 特 征：夏羽白色，头和颈橙黄色，前颈基部和背中央具羽枝分散成
发状的橙黄色长形饰羽；前颈饰羽长达胸部，背部饰羽向后
长达尾部，尾和其余体羽白色。冬羽通体全白色，个别头顶
缀有黄色，无发丝状饰羽。

生活与习性：常捕食蜘蛛、黄鳝、蚂蟥和蛙等动物。其与家畜，尤其是水牛
形成了依附关系，常跟随在家畜后捕食被家畜从水草中惊飞
的昆虫，也常在牛背上歇息，故名。繁殖期 4—7 月，常成群
营群巢，也常与白鹭和夜鹭在一起营巢。当地秋季偶见，旅鸟。

池鹭

英 文 名：Chinese Pond Heron

学　　名：*Ardeola bacchus*

形态特征：全长约 45 cm。夏羽：头及颈深栗色，胸绛紫色，体背黑灰色，翅白色。冬羽：头、颈、胸部的颜色褪去，换为黄褐色与白色相杂的纵纹，体背黑灰色，虹膜黄色，眼周裸出、黄绿色，嘴尖黑色、中部黄色、基部蓝色。

习性与分布：栖息于池塘、沼泽及稻田中，常结小群涉水觅食，以动物性食物为主，繁殖期 3—7 月，集群在高大乔木筑巢，每窝产卵 2～5 枚。
　　　　　　国内常见于华南及华北地区。当地常见，夏候鸟。

夜鹭

英 文 名：Black-Crowned Night Heron

学　　名：*Nycticorax nycticorax*

形 态 特 征：全长约 55 cm。体形粗胖，颈短，头顶至背黑色，颊、颈侧、胸和两胁淡灰色，其余下体白色。雄鸟枕后有 2 ~ 3 枚白色长饰羽。虹膜血红色，眼先黄绿色，嘴黑色，爪黑色。

习性与分布：栖息于平原、丘陵地带的农田、沼泽、池塘。白天常隐蔽在沼泽、灌丛或林间，晨昏和夜间活动。
　　　　　　以鱼、虾、昆虫为食，繁殖期 4—7 月，每窝产卵 3 ~ 5 枚。
　　　　　　分布广泛，当地常见，夏候鸟。

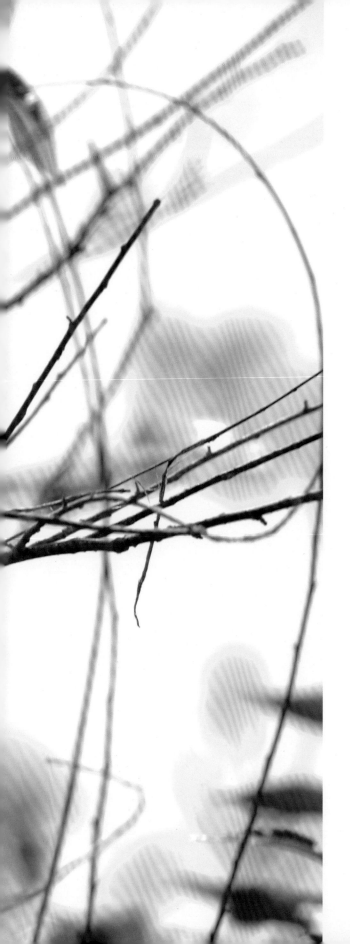

黄斑苇鸦

英 文 名：Yellow Bittern

学　　　名：*Ixobrychus sinensis*

形态特征：雄鸟顶冠黑色，上体淡黄褐色，下体皮黄色；两翼及尾黑色；飞翔时，飞羽黑色与覆羽皮黄色的对比明显。雌鸟似雄鸟，颈及胸具褐色纵纹。亚成鸟：似雌鸟，但褐色较浓，全身满布纵纹。

习性与分布：繁殖于中国东北至华北及西南、台湾和海南，在热带地区越冬。在当地，4—10月可见，繁殖于芦苇、香蒲丛中；喜芦苇、稻田、池塘等生境。

鹳形目（Ciconiiformes）
鹳科（Ciconiidae）

黑鹳

英 文 名：Black Stork

学　　名：*Ciconia nigra*

形 态 特 征：嘴红色，眼周裸露皮肤红色。全身黑色，仅下胸、腹部及尾下白色。飞行时翼下黑色，仅三级飞羽及次级飞羽内侧白色。脚红色。

习性与分布：繁殖于中国北方，越冬于长江以南地区。在当地，春、秋迁徙季节集群，冬季有时有少量个体；栖于芦苇沼泽、近海滩涂、池塘等浅水湿地。国家一级保护野生动物。

鹈形目（Pelecaniformes） 鹮科（Threskiornithidae）

白琵鹭

英 文 名：White Spoonbill

学　　名：*Platalea leucorodia*

形 态 特 征：全长约86 cm。夏羽全身白色，头部枕冠黄色，上喉及胸部沾黄色。嘴黑色，先端黄色，长直而扁平，上嘴背面具波状纹。虹膜暗褐色，颈部裸出部、跗跖、趾、爪黑色。

习性与分布：栖息于沼泽、河滩、苇塘等湿地。

繁殖期5—7月，繁殖期在岸边高树或芦苇丛中选巢。每窝产卵3～4枚。

国内见于各省，数量较少，国家二级保护野生动物，本地常见，夏候鸟。

雁形目（Anseriformes）
鸭科（Anatidae）

疣鼻天鹅

英 文 名：Mute Swan

学　　　名：*Cygnus olor*

形态特征：全长约 150 cm，通体雪白，头顶、上颈稍沾棕黄色，嘴赤红色，眼先、嘴基及跗跖和趾黑色，前额有黑色疣突，雌鸟疣突不明显。

习性与分布：栖息于多水草宽阔的水面。常成对活动，取食水生植物茎、叶和果实。游水时颈部多呈"S"形，于芦苇丛中营巢，繁殖期4—5月，每窝产卵4～9枚。

当地3—4月迁徙季节常见。旅鸟。国家二级保护野生动物。

大天鹅

英　文　名：Whooper Swan

学　　　名：*Cygnus cygnus*

形态特征：全长约 140 cm。全身羽毛洁白，颈修长，雌雄同色，雌鸟体形较雄鸟略小，眼暗褐色，嘴前部黑色，眼先及嘴基黄色并超过鼻孔，嘴尖黑色，趾间具蹼，跗跖、蹼、爪黑色。

习性与分布：栖息于开阔的河、湖、水库，成群活动。
主要以水生植物的茎、叶、种子和根为食。
繁殖期 5—6 月，每窝产卵 4 ~ 7 枚。
国内繁殖于新疆、东北北部广大地区。越冬于黄河以北。
当地迁徙季节常见。旅鸟，国家二级保护野生动物。

鸿雁

英 文 名：Swan Goose

学　　　名：*Anser cygnoides*

形 态 特 征：全长约 90 cm。全身灰褐色，上体羽有明显皮黄色羽缘，头顶至后颈棕褐色，下腹和尾下覆羽白色，两胁有褐色横斑，嘴黑色，虹膜栗色，跗跖和趾橘黄色；尾羽黑色，有白色端斑。雌雄相似，但雄鸟较雌鸟略大，嘴基有明显疣状突。

习性与分布：栖息于河流、湖泊、沼泽地带及附近草地中，性机警，喜群居。繁殖期 5—6 月，在沼泽中筑巢，每窝产卵 2 ~ 4 枚。国内主要繁殖于东北，迁徙途经中国东部。在当地 3 月或 9 月迁徙季节常见。旅鸟。

豆雁

英 文 名：Bean Goose

学　　名：*Anser fabalis*

形 态 特 征：全长约 85 cm。雌雄相似，头颈部棕褐色，上体肩背部褐灰色，腰黑褐色，下体淡棕褐色，腹部污白色，尾上覆羽白色，尾羽具白色端斑。

虹膜暗褐色，嘴甲黑色，嘴黑褐色，嘴端具黄橘色斑带并延伸至嘴角，趾及跗跖橙黄色，爪黑色。

习性与分布：栖息于江河、湖泊、沼泽及水库等开阔水面及其岸边。性喜集群，除繁殖期外，常成群活动。繁殖期 5—6 月，在多湖泊的苔原沼泽地上营巢，每窝产卵 3 ~ 8 枚。国内广泛分布。在当地春季迁徙季节常见，旅鸟。

赤麻鸭

英 文 名：Ruddy Shelduck

学　　名：*Tadorna ferruginea*

形态特征：全长约 64 cm。夏羽头顶、脸侧、颏部、喉部棕白色，雄鸟在繁殖期颈基部有一狭窄的黑色颈环。肩、背部红棕色，下体黄褐色。翼上覆羽白色，翼镜铜绿色，尾羽黑色，腹部棕褐色。虹膜暗褐色，嘴黑色，跗跖、蹼、爪黑色。

习性与分布：栖息于河流、湖泊、洼地、沼泽、滩地、盐田及沿海等。繁殖期 4—5 月，在草原和荒漠水域附近洞穴中营巢，每窝产卵 6 ~ 10 枚。国内广泛分布，在当地 11 月至翌年 3 月常见，数量较多。旅鸟。

翘鼻麻鸭

英 文 名：Common Shelduck

学　　名：*Tadorna tadorna*

形 态 特 征：大型鸭类，体长 52 ~ 63 cm，体重 0.6 ~ 1.7 kg，体形比赤麻鸭略小。体羽大都白色，头和上颈黑色，具绿色光泽；嘴向上翘，红色。繁殖期雄鸟上嘴基部有一红色瘤状物。自背至胸有一条宽的栗色环带。肩羽和尾羽末端黑色，腹中央有一条宽的黑色纵带，其余体羽白色。

习性与分布：栖息于草原、荒地、沼泽等各类生境中，尤喜平原上的湖泊地带。迁徙时多成家族群和小群，迁徙主要沿海岸与河流进行，沿途不断停息和觅食，特别是辽宁双台河口国家级自然保护区，每年春、秋两季迁徙期间，都有数千只经此地，在此地停息较长时间。当地旅鸟，夏候鸟。

鸳鸯

英 文 名：Mandarin Duck

学　　名：*Aix galericulata*

形 态 特 征：雄鸟嘴红色；羽色艳丽，头具长羽冠，眼周白色，眼后具白色宽眉纹；翅具栗黄色扇状直立羽。
雌鸟嘴灰色，嘴基白色；无羽冠及扇状直立羽，眼周白色与白色眉相连；胸、胁具点状纵纹。

习性与分布：分布于亚洲东北部。在中国，繁殖于东北，越冬于南方。在当地，春、秋季节无规律出现；与其他鸭类混群，栖息于芦苇沼泽、水库、池塘等中。国家二级保护野生动物。

赤颈鸭

英　文　名：Eurasian Wigeon

学　　　名：*Anas penelope*

形 态 特 征：雄鸟嘴灰色而尖黑色，头、颈红褐色而额至头顶黄色；体侧具白色斑；腹白色，尾下覆羽黑色；飞行时，白色翼羽毛与绿色翼镜成对照。
雌鸟嘴灰色而尖黑色，体背黑褐色，胸、胁多棕色，腹及尾下覆羽白色。

习性与分布：分布于古北界，在南方越冬。在中国，繁殖于东北或西北，越冬于北纬 35° 以南。在当地，迁徙季节常见，集大群，但有时有越冬个体；栖息于芦苇、沼泽及大面积水域、大水库中。

赤膀鸭

英 文 名：Gadwall

学　　名：*Anas strepera*

形 态 特 征：全长约 52 cm。雄鸟额、头顶黑褐色，上体肩羽赤褐色，下体胸具密月牙形斑，飞翔时翼镜内黑色外白色，中覆羽赤红色。雌鸟上体暗褐色，具棕白色斑纹，翼镜不明显，下体棕白色。虹膜暗棕色，嘴、跗跖和趾橘黄色，爪灰黑色。

习性与分布：栖息于江河、湖泊等，以植物性食物为主。繁殖期 5—7 月，每窝产卵 7 ~ 11 枚。中国广泛分布。在当地 2—10 月常见，数量多。夏候鸟。

绿翅鸭

英 文 名：Green-Winged Duck

学　　名：*Anas crecca*

形态特征：全长约 37 cm。雄鸟：头、颈深栗色，眼周至头顶两侧具一绿黑色带斑，眼上、下具狭窄白色纵纹；颈侧及胁具细密条纹，翼镜翠绿色，尾下覆羽具三角形黄斑。雌鸟：有贯眼纹，背棕黑色，有棕黄色"V"形斑和白色羽缘，嘴黑色，腿棕褐色。

习性与分布：栖息于江河、湖泊和海湾等水域。以植物性食物为主。繁殖期 5—7 月，在灌草丛里筑巢，每窝产卵 8 ～ 11 枚。中国广泛分布。在当地 3—10 月常见。旅鸟，夏候鸟。

绿头鸭

英 文 名：Mallard

学　　　名：*Anas platyrhynchos*

形 态 特 征：全长约 57 cm。上体黑褐色。雄鸭下体灰白色，头和颈灰绿色，颈基有一条白色领环与栗色胸相隔，嘴呈橄榄黄色。雌鸟下体浅棕色，具褐色斑点，腹灰白色，有深色贯眼纹，嘴黑褐色。虹膜棕黑色，嘴端棕黄色，爪均黑色。

习性与分布：栖息于水浅且水生植物丰盛的湖泊、池沼、江河等水域。以野生植物种子和茎叶、谷物、藻类、昆虫、软体动物等为食。繁殖期 4—6 月，每窝产卵 10 枚左右。中国广泛分布。在当地 1—5 月常见，数量多。旅鸟，夏候鸟。

斑嘴鸭

英 文 名：Spot-Billed Duck

学　　名：*Anas poecilorhyncha*

形 态 特 征：全长约 60 cm。上嘴黑色，端部黄色，有黑色贯眼纹，嘴角有一黑线。雄鸟从额至枕棕褐色，从嘴基经眼至耳区有一棕褐色纹；眉纹白色。雌鸟上体后部较淡，下体自胸以下呈淡白色，杂以暗褐色斑。虹膜黑褐色，跗跖和趾橙黄色，爪黑色。

习性与分布：主要栖息在内陆湖泊、水库、沼泽地带，迁徙期间和冬季也出现在沿海和农田地带。主食水生植物的叶、嫩芽、茎、根和松藻等植物性食物。繁殖期 5—7 月。营巢于岸边草丛中或芦苇丛中，每窝产卵 8 ~ 14 枚。

琵嘴鸭

英　文　名：Northern Shoveler

学　　　名：*Anas clypeata*

形态特征：全长约 48 cm。嘴特长，末端呈匙形，虹膜褐色。雄鸟腹部栗色，胸白色，头、颈深绿色而具金属光泽，翼镜翠绿色。飞行时浅灰蓝色的翼上覆羽与绿色翼镜成对比。雄鸟的嘴在繁殖期近黑色，雌鸟橘黄褐色。跗跖和趾橘黄色。

习性与分布：栖息于湖泊、河流、芦苇沼泽等地。以水生动物和种子为食。营巢于芦苇及沼泽区域，繁殖期 5—7 月，每窝产卵 8 ~ 14 枚，孵化期需要 22 ~ 23 天。在中国繁殖于东北及西北，越冬于北纬 35° 以南。在当地 3—9 月常见。

赤嘴潜鸭

英 文 名：Red-Crested Pochard

学　　　名：*Netta rufina*

形 态 特 征：全长约 53 cm。雄鸟：嘴赤红色，头栗红色，羽冠棕黄色，下颈至上背黑色，两胁白色。
雌鸟：除颊、颈部污白色外，其余为褐色，嘴黑褐色、尖端黄色。翼镜白色，虹膜雄鸟为红色或棕色，雌鸟为棕褐色。

习性与分布：栖息于河湖、湿地、芦苇沼泽。通过潜水取食，也常尾朝上、头朝下在浅水区觅食。主食水生植物嫩芽、禾本科植物、草籽及螺类等。
多营巢于有芦苇和蒲草的湖心岛上、水边草丛中。
繁殖期 4—6 月，每窝产卵 6 ~ 12 枚。

红头潜鸭

英 文 名：Common Pochard

学 　　名：*Aythya ferina*

形态特征：全长约 46 cm。雄鸟嘴黑色且具灰色次端斑，头和上颈栗红色，胸黑色，体背及胁具细密白色斑纹，腹白色。雌鸟头和颈棕色，脸侧显淡并具白色外缘，体背淡灰色无斑纹。

习性与分布：栖于芦苇沼泽及有水生植物的池塘河流中，以马来眼子菜、软体动物、鱼、蛙等为食。繁殖期 4—6 月，每窝产卵 6 ～ 12 枚。繁殖于中国西北，冬季迁至华东及华南。在当地 3—4 月常见。旅鸟、夏候鸟。

白眼潜鸭

英 文 名：Ferruginous Duck

学　　名：*Aythya nyroca*

形态特征：全长约 41 cm，嘴黑灰色或黑色，跗跖黑色。雄鸟头、颈、胸及两胁浓栗色，上体黑褐色，腹及尾下覆羽白色。雌鸟头和颈棕褐色，上体暗褐色，腰和尾上覆羽黑褐色。飞行时，飞羽具白色翼带及黑色羽缘。虹膜雄鸟银白色，雌鸟灰褐色。

习性与分布：栖息于有水草的沼泽、池塘、河流，以水生植物嫩芽、茎及昆虫等为食。繁殖期 4—6 月。营巢于水边浅水处，芦苇丛或蒲草丛中，每窝产卵通常 7 ~ 11 枚。

当地常见，夏候鸟。

青头潜鸭

英 文 名：Baer's Pochard

学　　名：*Aythya baeri*

形态特征：雄鸟头和颈黑色，并具绿色光泽，眼白色。上体黑褐色，下背和两肩杂以褐色虫蠹状斑，腹部白色，与胸部栗色截然分开。雌鸟似雄鸟，但眼褐色，嘴角有淡黄色圆斑。

生活与习性：常混于白眼潜鸭、红头潜鸭群内。杂食性，主要以水生植物和鱼虾贝壳类为食。中国罕见，一般繁殖于东北，最南繁殖地达湖北，越冬于华南。当地春秋季偶见，旅鸟。国家一级保护野生动物，被世界自然保护联盟（IUCN）列为极危物种。

凤头潜鸭

英　文　名：Tufted Duck

学　　　名：*Aythya fuligula*

形 态 特 征：雄鸟嘴灰色而尖黑色，眼黄色，具冠羽。头、颈紫黑色，上体黑褐色，下体腹部及体侧白色；尾下覆羽黑色。
雌鸟嘴基具白色斑；上体褐色，下体棕褐色，两胁具不明显横纹；有的个体尾下覆羽白色。

习性与分布：一般繁殖于整个古北区，最南繁殖地达湖北，越冬于南方。在中国，繁殖于东北，越冬于华南。在当地，迁徙期常见，
部分于 11 月至翌年 3 月越冬；常集小群体栖于河流、池塘、水库及芦苇沼泽中。

鹊鸭

英 文 名：Common Goldeneye

学　　名：*Bucephala clangula*

形 态 特 征：雄鸟头黑色，两颊近嘴基处有大型白色圆斑。上体黑色，颈、胸、腹、两胁和体侧白色。嘴黑色，眼金黄色，脚橙黄色。飞行时头和上体黑色，下体白色，翅上有大型白斑，特征极明显，容易识别。雌鸟略小，嘴黑色，先端橙色，头和颈褐色，眼淡黄色，颈基有白色颈环；上体淡黑褐色，上胸、两胁灰色；其余下体白色。

生活与习性：主要栖息于平原森林地带中的溪流、水塘和水渠中。白天成群活动，边游边潜水觅食。食物主要为昆虫及其幼虫、软体动物、小鱼、蛙，以及蝌蚪等。当地春秋季常见，旅鸟。

斑头秋沙鸭

英 文 名：Smew

学　　名：*Mergus albellus*

形 态 特 征：全长约 42 cm。虹膜红色或褐色，嘴和跗跖沾灰色或绿灰色。

雄鸟夏羽以白色为主，眼周可见黑色斑，背黑色，胸部具黑色横斑，冬羽似雌性成鸟。

雌鸟上体黑褐色，额至后颈栗褐色，前颈、颏、喉白色，腹部沾灰色。

习性与分布：善潜水，在湖泊、河流、池塘、湿地栖息，以甲壳类、水生半翅目、鞘翅目昆虫，小鱼，蛙等为食。

普通秋沙鸭

英 文 名：Common Merganser

学　　名：*Mergus merganser*

形 态 特 征：全长约 61 cm。雄鸟嘴红色，头黑绿色并有金属光泽，枕部有短的黑色羽冠，胸、下体及翼镜白色，背黑褐色。雌鸟嘴红色，颏白色，头棕褐色并与白色颈有清晰界限，且具短棕褐色冠羽，下体胸侧及胁浅灰色。

习性与分布：栖息、繁殖于淡水湖和森林地区的河流水塘周围。在中国繁殖于西北及东北地区。当地 11 月至翌年 4 月常见，数量不多。旅鸟。

中华秋沙鸭

英 文 名：Scaly-Sided Merganser

学　　名：*Mergus squamatus*

形 态 特 征：雄鸟头及体背黑绿色，枕后具有长冠羽；胁及腹下具黑色鳞状纹。雌鸟似雄鸟，
但体色较灰。

习性与分布：繁殖在西伯利亚、朝鲜北部及中国东北；越冬于中国的华南、华中及日本、朝鲜。
在当地 4 月、11 月偶见；成对或小群栖于水库、河流及芦苇沼泽中。
属国家一级保护野生动物。

鹰形目（Accipitriformes）
鹗科（Pandionidae）

鹗

英　文　名：Osprey

学　　　名：*Pandion haliaetus*

形态特征：头顶白色略具羽冠，耳羽黑褐色延至后颈；上体黑褐色，下体白色，胸具棕色纵纹；脚白色被羽；飞翔时，两翼窄长而成弯角，下体与翼下白色，翼下与翅间具黑色条带；趾间具刺。

习性与分布：全世界分布广泛，但一般罕见。在当地，4—5月和9—11月不定期出现。食鱼类猛禽，生活在湿地环境中，善于潜入水中捕鱼，或在水面缓慢盘旋或振翅停在空中，发现猎物后迅速扎入水中。爪两趾向前、两趾向后以便抓取猎物，防止脱落。国家二级保护野生动物。

鹰形目（Accipitriformes）
鹰科（Accipitridae）

白尾海雕

英　文　名：White-Tailed Sea Eagle

学　　　名：*Haliaeetus albicilla*

形态特征：成鸟嘴形粗大，黄色；体羽黑褐色，头及胸棕色，体背及翼覆羽淡褐色，形成独特的"芝麻斑"；飞翔时，尾全白色，翼黑褐色。亚成鸟嘴青灰色，嘴基色淡；全体棕褐色，头、颈深棕色；羽片带灰白色而显杂；尾淡黄色或褐白色。

习性与分布：分布于格陵兰、欧洲、亚洲北部及中国、日本、印度。在中国为不常见季候鸟。在当地，迁徙时不定期出现；栖于近海及水域附近的树干及高处；飞行时，振翅甚缓慢；高空翱翔时，两翼弯曲略向上扬，属国家一级保护野生动物。

白尾鹞

英 文 名：Hen Harrier

学　　　名：*Circus cyaneus*

形 态 特 征：全长约 50 cm，雄鸟头、颈、背、腰、喉部和上胸部均为灰色，下胸、腹部和尾上、下覆羽白色，翼后缘及外侧初级飞羽黑色。雌鸟褐色，领环色浅，翼下覆羽无赤褐色横斑，次级飞羽色浅，上胸具纵纹。

习性与分布：栖息于江、河、湖泊、沼泽附近的芦苇或树林中，取食鸟类、蛙类等动物。
　　　　　　4—5 月繁殖，筑巢于芦苇丛中，每窝产卵 4 ~ 5 枚。旅鸟，较常见。属国家二级保护野生动物。

毛脚鵟

英 文 名：Rough-Legged Hawk

学　　名：*Buteo lagopus*

形态特征：全长约56 cm。上体青灰色，具白色眉纹，下体白色，具深褐色横纹；尾羽灰褐色，具宽阔黑色横带；嘴角质灰色，脚黄色。幼鸟上体褐色，下体棕褐色，具近黑色粗纵纹。

习性与分布：栖息于丘陵地区的针叶林、阔叶林、混交林中，主要以鸟、鼠、野兔为食。在高大乔木上筑巢，4—5月繁殖，每窝产卵2～4枚。旅鸟，当地偶见，属国家二级保护野生动物。

草原雕

英 文 名：Steppe Eagle

学　　名：*Aquila nipalensis*

形 态 特 征：全长 70 cm。体色变化较大，有灰褐色、土褐色、深褐色等色型。两翼具深色后缘，翼上具两道皮黄色横纹，尾上覆羽为皮黄色，尾羽黑褐色，杂以灰褐色横斑。

习性与分布：栖息于低海拔山区和开阔草原。捕食野兔、蜥蜴、鼠类。在峭壁、大树或灌丛中筑巢。4—5 月繁殖，每窝产卵 2 ～ 3 枚。旅鸟，当地偶见。属国家一级保护野生动物。

大鵟

英　文　名：Upland Buzzard

学　　　名：*Buteo hemilasius*

形 态 特 征：全长 70 cm。有数种色型。体背面暗褐色，腹面暗色或淡色，有暗色横纹或纵纹，腿深色；尾羽有数条暗色及淡色横纹。飞行时翼下有大型白斑。

习性与分布：栖息于山丘、林边或草原，以鼠类、野兔、小鸟等为食。多在崖壁或乔木上筑巢，4—5 月繁殖，每窝产卵 2～4 枚。旅鸟，当地偶见。属国家二级保护野生动物。

隼形目（Falconiformes） 隼科（Falconidae）

红隼

英 文 名：Common Kestrel

学　　名：*Falco tinnunculus*

形 态 特 征：全长约 33 cm。雄鸟头顶至颈背灰色，眼下有黑斑，上体赤褐色，有黑色横斑。下体皮黄色，有黑色纵纹，飞翔时，翼下白色且具细密纵纹。雌鸟与雄鸟相似，但头顶为红褐色，上体多具粗横斑，尾羽末端灰白，有一黑色次端斑。

习性与分布：栖息于堤坝、农田、疏林、旷野。主要以鼠类、小鸟、昆虫为食。繁殖期 5—7 月。每窝产卵 4 ～ 5 枚。雏鸟晚成性。在中国分布广泛，在当地常见，但数量少。留鸟。属国家二级保护野生动物。

红脚隼

英 文 名：Amur Falcon

学　　名：*Falco amurensis*

形态特征：雄性通体灰色无斑纹，腹面颜色稍浅，黑色飞羽与浅色翅下覆羽形成鲜明对比，下腹部至臀为棕红色。雌性腹面乳白色，具纵向菱状斑，腹部至臀部的棕色较雄性浅，头顶、眼周及髭部色深形成头盔状。虹膜褐色，眼圈为红色。

习性与分布：栖息于旷野，喜落电线，常成群活动，捕食昆虫。集大群迁徙。繁殖于黄河以北至西伯利亚，越冬于非洲南部，为迁飞距离很长的鸟类之一。当地偶见，旅鸟。属国家二级保护野生动物。

鸡形目（Galliformes）
雉科（Phasianidae）

环颈雉

英 文 名：Ring-Necked Pheasant

学　　名：*Phasianus colchicus*

形 态 特 征：全长约 85 cm，雄鸟体色艳丽。头顶黑色且具金属光泽。眉纹白色，眼睛周围的裸露皮肤为鲜红色，有明显的耳羽簇。腰侧丛生栗黄色发状羽，尾羽长有横斑。雌鸟体形小羽色暗淡，眼周白色，杂以黑斑，尾较短。

习性与分布：栖息于草地、农田等多种生境中。以植物种子为食。繁殖期 3—7 月，每窝产卵 6 ~ 14 枚。在中国分布广泛。当地常见，留鸟。

鹤形目（Gruiformes）
鹤科（Gruidae）

灰鹤

英 文 名：Common Crane

学　　名：*Grus grus*

形态特征：成鸟体灰色，头顶红色，喉及前颈黑色，自颈侧至颈背具宽白色条纹；飞翔时，飞羽黑色与体灰色对比明显，三级飞羽末端具黑色滴状斑。亚成鸟体灰白色，颈侧的白色条纹不明显，颈常沾褐棕色，嘴周及喉黑色。

习性与分布：分布于古北界。繁殖于中国东北及西北，冬季南移至中国南部及中南半岛。栖息于芦苇沼泽、农田、草地。当地 10 月至翌年 3 月常见。旅鸟。属国家二级保护野生动物。

鹤形目（Gruiformes）
秧鸡科（Rallidae）

黑水鸡

英　文　名：Common Moorhen

学　　　名：*Gallinula chloropus*

形态特征：嘴黄色，嘴基及额甲红色；全体青黑色，两胁部具白色纹，尾下具白色斑。

习性与分布：除大洋洲外，分布几乎遍及全世界，冬季北方鸟南迁越冬。在当地，冬季偶见小群，其他季节常见；集群，喜有芦苇或水草的水边；尾常神经质地抽动；不善飞，遇危险时常跑到草丛中或游泳到远处；起飞前，在水上助跑很长一段时间。

白骨顶

英　文　名：Common Coot

学　　　名：*Fulica atra*

形态特征：全长约 39 cm，头颈部黑色，体羽石板黑色，飞行时可见翼上狭窄近白色后缘。额板象牙白色。虹膜红褐色。跗跖和趾灰绿色，趾具瓣蹼，爪黑褐色。

习性与分布：主要栖息于沼泽、湖泊、水塘等地，以小鱼、虾、水生昆虫、浮萍、水草为食。繁殖期 4—7 月，每窝产卵 7 ~ 12 枚。世界性广泛分布，国内见于各地。

鸨形目（Otidiformes） 鸨科（Otididae）

大鸨

英 文 名：Great Bustard

学　　名：*Otis tarda*

形 态 特 征：头、颈灰色，体背棕褐色且密布黑色横斑；下体胸以下白色。飞翔时，翼黑色，上具白色宽翼带，初级飞羽具大白色斑，尾端白色。雄鸟比雌鸟体形大，在繁殖期嘴基具细长髭纹。

习性与分布：分布于欧洲、西北非洲至中东、中亚及中国北方。中国指名亚种 *O.t.tarda* 在中国为留鸟，分布于新疆天山、喀什与吐鲁番，东方亚种 *O.t.dybowskii* 繁殖于内蒙古东部及黑龙江，越冬于甘肃至山东。在当地，10 月下旬至翌年 3 月下旬越冬；栖于农田、草地；曾有超过数百只的大群，近几年越冬种群数量波动大。属国家一级保护野生动物。

鸻形目（Charadriiformes）
彩鹬科（Rostratulidae）

彩鹬

英　文　名：Greater Painted Snipe

学　　　名：*Rostratula benghalensis*

形态特征：全长 24 cm。雌雄羽色相异。雌鸟的喉、颈和胸为棕红色，有宽阔的白眼圈，眼纹、顶纹黄色。

习性与分布：栖息于稻田和浅水沼泽草地。行走时上下摆尾，受惊后快速走入草丛中躲藏。国外分布于非洲、亚洲南部和大洋洲。国内除黑龙江、宁夏、新疆外，见于各省，繁殖于辽宁北部、华北和南方各省。

鸻形目（Charadriiformes） 反嘴鹬科（Recurvirostridae）

黑翅长脚鹬

英 文 名：Black-Winged Stilt

学　　名：*Himantopus himantopus*

形 态 特 征：全长约 36 cm。雄鸟眼周、颈背及翼黑色，体羽白色。雌鸟头至颈部颜色变异较大。雌鸟冬羽似夏羽，体色较浅。虹膜红色，嘴直而长，黑色，腿细而特长，粉红色。

习性与分布：栖息于湖泊、浅水塘和沼泽地带。以软体动物、虾、甲壳类等动物性食物为食。繁殖期为 5—7 月。营巢于开阔的湖边沼泽、草地或湖中露出水面的浅滩。每窝产卵 4 枚。国外分布于亚洲东部和南部，国内广泛分布，当地常见，夏候鸟。

反嘴鹬

英　文　名：Pied Avocet

学　　　名：*Recurvirostra avosetta*

形 态 特 征：全长约 43 cm。嘴黑色，细长上翘，身体只有黑、白两色，前额、头顶、肩颈部、眼黑色。飞行时从下面看体羽全白，仅翼尖黑色。翼上及肩部具黑色的带斑，其余体羽白色。虹膜红褐色，嘴黑色，跗跖和趾淡蓝色。

习性与分布：栖息于平原和半荒漠地区的湖泊、水塘和沼泽地带。以水生昆虫和软体动物等小型无脊椎动物为食。繁殖期为 5—7 月。营巢于开阔平原上的湖泊岸边，盐碱地上或沙滩上，每窝产卵 4 枚。国内见于各省，当地常见，夏候鸟。

鸻形目（Charadriiformes）
燕鸻科（Glareolidae）

普通燕鸻

英 文 名：Oriental Pratincole

学　　名：*Glareola maldivarum*

形态特征：体长约 25 cm。喙部宽短，基部红色。上体浅棕褐色，颏及喉部皮黄色，具黑色领圈。腹羽灰色，腋羽及翅下覆羽栗色、叉尾浅、上黑下白，飞行时似燕鸥。

习性与分布：栖息于湿地生境，捕食昆虫和软体动物。国外分布于东亚、东南亚、印度等地。国内迁徙时除新疆、西藏、贵州外，见于各省。当地夏候鸟。

鸻形目（Charadriiformes） 鸻科（Charadriidae）

凤头麦鸡

英　文　名：Northern Lapwing

学　　　名：*Vanellus vanellus*

形 态 特 征：全长约 32 cm。雄鸟上体黑绿色，具金属光泽，喉、前颈、胸黑色，腹部白色。具反曲的黑色细长冠羽。尾白色，具较宽的黑色次端带。雌鸟额、头顶及冠羽呈黑褐色，颏、喉、前颈白色。虹膜暗褐色，嘴黑色，腿趾暗栗色，爪黑色。

习性与分布：栖息于河边、滩地、沼泽、田间等地，常成群活动。以昆虫、蚯蚓、植物种子等为食。繁殖期 5—7 月。多营巢于草地或沼泽草甸边的盐碱地上，每窝产卵 4 枚。在中国繁殖于北方大部分地区，当地常见，夏候鸟。

灰头麦鸡

英 文 名：Grey-Headed Lapwing

学　　名：*Vanellus cinereus*

形态特征： 全长约 35 cm。雌雄相似。上体棕褐色，头颈部灰色。两翼翼尖黑色，内侧飞羽白色，尾白色，具黑色次端斑，喉及上胸部灰色，胸部具黑色宽带，下胸及腹部白色。虹膜红色，嘴黄色，先端黑色，跗跖和趾黄色，爪黑色。

习性与分布： 栖息于沼泽、湿地、近水的开阔地带，以昆虫、蚯蚓、螺类为食。繁殖期 5—7 月。每窝产卵 3 ～ 4 枚。繁殖于中国东北及内蒙古地区。在当地常见。夏候鸟。

金鸻

英 文 名：Pacific Golden Plover

学　　 名：*Pluvialis fulva*

形 态 特 征：全长约24 cm。雄鸟繁殖羽上体金黄色，具黑色羽轴斑，下体黑色，上、下体间具醒目的白色带。雌鸟繁殖羽与雄鸟相似，颏喉部杂以白色斑点。冬羽眉纹黄色或白色，上体灰褐色，且具黄色羽缘，下体灰白色且具黄褐色斑。

习性与分布：栖息于江河、湖泊、湿地、草地、农田等，以植物种子、蚯蚓、软体动物、昆虫为食。繁殖期5—7月，每窝产卵4枚。

金眶鸻

英 文 名：Little Ringed Plover

学　　　名：*Charadrius dubius*

形 态 特 征：全长约 16 cm。嘴短黑色，额白色，额顶及贯眼纹黑色，上体沙褐色，下体白色，有一明显的白色颈圈，其下还连接一黑色领圈，眼周金黄色，跗跖和趾黄色。

习性与分布：栖息于湖泊、河滩等地，常单只或成对活动，食物以昆虫为主，也食植物种子。繁殖期5—7月。营巢于河心小岛、沙石地上。每窝产卵 3 ~ 5 枚。国外广泛分布，国内见于各省。当地常见，夏候鸟。

鸻形目（Charadriiformes）
鹬科（Scolopacidae）

黑尾塍鹬

英 文 名：Black-Tailed Godwit

学　　名：*Limosa limosa*

形 态 特 征：全长约 42 cm。夏羽头、颈和胸栗红色，有细黑色横斑，额、顶和后颈棕色，有黑色细纵斑。上背铁锈色，有宽阔黑色次端斑，腹部、两胁转为白色，具黑色横斑。

习性与分布：栖息于沼泽、稻田、河口和海滩，觅食时常将嘴插入泥地里。旅鸟，常见。繁殖期为 5—7 月。常成数只的小群在一起营巢，通常营巢于水域附近开阔的稀疏草地上。每窝产卵 4 枚。

大杓鹬

英 文 名：Far Eastern Curlew

学　　　名：*Numenius madagascariensis*

形 态 特 征：嘴甚长而下弯，下体红褐色，颈、胸具纵纹，腹红褐色。飞翔时腹部布满细纹，腰红褐色，尾端具横纹。

习性与分布：繁殖于东北亚，越冬南迁远至大洋洲。在中国不常见，迁徙时定期经过中国东部及台湾地区。在当地迁徙季节可见，常与白腰杓鹬混群，常单独或结小群栖息于河口、河岸及沿海滩涂。

红脚鹬

英 文 名：Redshank

学　　名：*Tringa totanus*

形 态 特 征：全长约 27 cm。夏羽额、头顶、后颈及上背浅棕褐色，具黑褐色纵纹，下体白色，胸、胁具褐色纵纹，飞翔时，翼后缘具白色宽带，腰白色。冬羽颜色较淡。嘴黑色，基部橙红，非繁殖期橙黄；腿和趾繁殖季节橙红，非繁殖季节橙黄。

习性与分布：栖息于沼泽、草地、水塘等水域或湿地。常单独活动，休息时则成群。常在浅水处或水边沙地和泥地上觅食。以甲壳类、昆虫、水生无脊椎动物等为食。繁殖期为 5—7 月。每窝产卵 3 ～ 5 枚。国内广泛分布，当地常见，夏候鸟。

青脚鹬

英 文 名：Greenshank

学　　名：*Tringa nebularia*

形 态 特 征：全长约 32cm。雌雄同色。繁殖羽头、后颈灰色，有黑色纵纹，前胸、胸侧白色，有褐色纵纹，背部灰褐色，有灰黑色轴斑和白色羽缘。雌雄羽色相似，但前胸条纹较少，喉颈前部白色，嘴灰色上翘，腿、跗跖和趾黄绿色或青绿色。

习性与分布：夏季主要栖息于湖泊、河流、水塘和沼泽地带，主要以虾、小鱼、水生昆虫为食。繁殖期为 5—7 月，每窝产卵 4 枚。在中国分布广泛。当地迁徙季节偶见。旅鸟。

鹤鹬

英 文 名：Spotted Redshank

学　　　名：*Tringa erythropus*

形 态 特 征：全长约 30 cm。非繁殖羽两肋有灰褐色鳞状斑。繁殖羽背、翅具白色羽缘或端斑，眼周有白色眼圈。雌鸟羽色灰黑，全身布满白色斑纹。虹膜暗褐色，嘴黑色，腿、趾繁殖期红色，非繁殖期橙红色，爪黑色。

习性与分布：栖息于淡水湖泊、河流沿岸及农田地带。主要以甲壳类、软体动物、水生昆虫为食；繁殖期为 5—8 月，每窝产卵 4 枚。中国广泛分布。当地迁徙季节常见。旅鸟。

白腰草鹬

英 文 名：Green Sandpiper

学　　名：*Tringa ochropus*

形 态 特 征：全长约 23 cm。雌雄同色，腰、腹和尾部白色，尾端有黑色横斑。具有短的白色眉斑，与白色眼圈相连。翼下黑褐色，具细小白色斑点；夏季上体黑褐色，冬季头、颈、上胸呈褐色且白色斑点不明显。

习性与分布：栖于江河、湖泊、沼泽等处。大多数单独活动，有时也成对活动于河湖岸边。以水生昆虫和其他水生植物为食。

林鹬

英　文　名：Wood Sandpiper

学　　　名：*Tringa glareola*

形态特征：全长约 21 cm。背肩部黑褐色，具白色斑点，下体白色且具黑色细纵纹，尾羽基部白色，尾端有黑褐色横斑，飞行时翼下白色。冬羽有白色斑点，胸部纵纹、两胁横斑不明显。虹膜暗褐色；嘴黑色，基部橄榄色；跗跖和趾黄色。

习性与分布：栖息于宽阔水域附近的沼泽、河滩、稻田中。常单独或成小群活动。活动时常沿水边边走边觅食。以昆虫和甲壳类等小型无脊椎动物为食。繁殖期为 5—7 月，每窝产卵 4 枚。营巢于森林、河流两岸、沼泽、草地。

翘嘴鹬

英　文　名：Terek Sandpiper

学　　　名：*Xenus cinereus*

形态特征：嘴长而上翘，尖黑色而基黄色；眉纹至眼后模糊。夏羽：上体灰褐色，肩部具黑色条带；下体颈、胸侧具纵纹；脚短而黄色，体形显矮；飞翔时，次级飞羽边缘白色。冬羽：似夏羽，但肩部黑色条带及颈、胸侧的纵纹不清晰或消失。

习性与分布：繁殖于欧亚大陆北部，越冬远及澳大利亚和新西兰。迁徙时，常见于中国东部及西部。通常单独活动；喜沿海泥滩。旅鸟，当地偶见。

矶鹬

英 文 名：Common Sandpiper

学　　名：*Actitis hypoleucos*

形态特征：全长约 20 cm。上体褐色，飞羽黑褐色，眼周、眉纹、下体白色，上胸有细的黑色纵斑。翼角前方有白色斑块。飞行时有明显的白色翼带。外侧尾羽白色，上有黑斑。虹膜褐色，嘴铅灰褐色。跗跖和趾淡灰绿色，爪黑色。

习性与分布：栖息于河流两岸、稻田、池塘。以昆虫、螺类、蠕虫为食。繁殖期 5—7 月，每窝产卵 4 ~ 5 枚。

流苏鹬

英 文 名：Ruff

学　　名：*Philomachus pugnax*

形态特征：雄鸟夏羽头后至耳羽具有簇状饰羽，有白、乳黄、红褐、灰褐及暗紫褐色的个体；胸以下白色，胸侧有黑褐色粗斑纹，雌鸟似雄鸟。冬羽雌雄同色，头颈无饰羽，上体灰褐色，有黑色斑纹和淡色羽缘，下体白色，颊、胸淡褐色。

习性与分布：栖息于河、湖、岸边、沼泽、沿海滩涂，与其他涉禽混群活动，以昆虫为主食。在河岸、沼泽、干燥的草地上筑巢，每窝产卵 4 枚。旅鸟，少见。

鸻形目（Charadriiformes）
鸥科（Laridae）

西伯利亚银鸥

英 文 名：Vega Gull

学　　名：*Larus vegae*

形 态 特 征：全长约60 cm。嘴黄色，下嘴端有红斑，跗跖和趾淡粉红色，虹膜淡黄色，眼及眼眶黄色，头、颈部白色，上体灰色，腰和尾上覆羽白色，黑色翼尖有白色端斑，下体白色。亚成鸟全身斑驳褐色，嘴全黑，或基部粉红色。

习性与分布：栖息于宽阔水域。主要以鱼虾、各种无脊椎动物为食。每窝产卵2～3枚。在中国繁殖于内蒙古、新疆、黑龙江等地，在长江以南越冬。在当地3—4月迁徙季节常见。旅鸟。

红嘴鸥

英　文　名：Black-Headed Gull

学　　　名：*Larus ridibundus*

形态特征：全长约 40 cm。嘴红色，先端黑色。跗跖和趾红色，夏羽头颈部棕黑色，冬羽头颈部白色。眼前和后颈有黑褐色斑，体羽灰白色，翅蓝灰色，翅尖黑色。

习性与分布：栖息于湖泊、池塘、河流等淡水水域及沼泽地带。以鱼、虾、昆虫等为食。繁殖期为 4—6 月。每窝产卵 2～6 枚。在中国分布广泛。在当地 3—4 月或 9—10 月迁徙季节常见，数量较多。旅鸟。

遗鸥

英 文 名：Relict Gull

学　　　名：*Larus relictus*

形态特征：全长约 46 cm，夏羽上体灰色，头近黑色，上、下眼睑白色独特醒目，颈、胸、腰白色，初级飞羽远端黑白相间，翼折合时形成明显的花斑。冬羽全身大致白、灰两色，眼后、头顶、颈部有黑色斑。虹膜褐色，嘴、跗跖和趾暗红色，爪黑色。

习性与分布：栖息于草原、沙漠中的湖泊、沼泽，易接近，以水生无脊椎动物、小鱼和水草为食。繁殖期为 5—7 月，每窝产卵 2 ~ 3 枚。繁殖于内蒙古鄂尔多斯、呼伦湖等地区。在当地 4—5 月迁徙季节常见。旅鸟，国家一级保护野生动物。

普通燕鸥

英 文 名：Commom Tern

学　　　名：*Sterna hirundo*

形 态 特 征：全长约 35 cm，虹膜暗褐色，嘴红色，先端黑色，细长而尖，跗跖红色，爪黑色。夏羽：头、后颈黑色，背和翅暗灰色，下体颈前到胸腹部近白色，尾明显分叉。冬羽：额及头部白色，过眼线、后枕部、颈背黑色。幼鸟似冬羽，体背具褐色斑。

习性与分布：在当地 4—11 月常见，喜沿海水域，有时在内陆淡水区繁殖于潮间带有碱蓬、芦苇或柽柳的生境中，巢简陋，巢内几乎无巢材，巢区与黑嘴鸥的重叠。从高空俯冲水面取食。

白额燕鸥

英 文 名：Little Tern

学　　　名：*Sterna albifrons*

形 态 特 征：全长约 26 cm。夏羽：头上半部至枕部、颈后、贯眼纹为黑色，额部为白色。身体颜色似普通燕鸥。冬羽：前额白色部分扩大，头顶杂以白纹。虹膜暗褐色，嘴黄色，先端黑色，爪黑色，跗跖和趾橙红色，非繁殖期跗跖和趾暗褐红色。

习性与分布：栖息于较大水域附近，捕食鱼虾、水生无脊椎动物、水生昆虫等。繁殖期为 5—7 月，每窝产卵 2 ~ 3 枚，成对或成小群繁殖。在中国繁殖于大部分地区。在当地迁徙季节偶见。旅鸟。

灰翅浮鸥

英 文 名：Whiskered Tern

学　　　名：*Chlidonias hybrida*

形 态 特 征：全长约 25 cm。雌、雄羽色相同。夏羽：上体灰色，额、头顶、枕部和后上颈为绿黑色，头部其余部分为白色，腹部深黑色。嘴、跗跖和趾均为红色，翅尖长，尾较短，叉状。

习性与分布：栖息于较大水域附近，以鱼虾、昆虫等为食。繁殖期为 5—7 月。常数十只，甚至上百只成群在一起营群巢。通常营巢于开阔的浅水湖泊和附近芦苇沼泽地上。每窝产卵 3 枚。在中国分布广泛。在当地 4—8 月常见。夏候鸟。

鸽形目（Columbiformes）
鸠鸽科（Columbidae）

灰斑鸠

英　文　名：Eurasian Collared Dove

学　　　名：*Streptopelia decaocto*

形态特征：全长约 30 cm。头顶灰色，后颈基部有一黑色半月状领环，领环上下缘淡蓝灰色，眼周裸出部灰白色，虹膜红色，嘴近黑色，喉部白色，胸部渲染粉红色，跗跖和趾暗粉红色，尾下覆羽端白色而基黑色，下体灰色略染粉色。

习性与分布：栖息于平原及疏林地带，常在农田及村落附近活动。以作物种子、杂草籽为食。繁殖期为 4—8 月，每窝产卵 2 枚。通常营巢于小树上或灌丛中。中国分布广泛。当地常见。留鸟。

鹃形目（Cuculiformes）
杜鹃科（Cuculidae）

大杜鹃

英　文　名：Common Cuckoo

学　　　名：*Cuculus canorus*

形态特征：全长约 30 cm，雌雄同色，上体灰色，两翼暗褐色，腹部白色而具有黑褐色横斑。虹膜黄色，嘴黑褐色，嘴端近黑色，下嘴基部黄色，跗跖、趾黄色。

习性与分布：喜欢在有林地带及大片芦苇地内活动，繁殖期为 5—7 月。吃各种毛虫。大杜鹃无固定配偶，也不自己营巢和孵卵，而是将卵产于大苇莺、麻雀等各类雀形目鸟类巢中，为它代孵代育。分布于中国大部分地区。夏候鸟。

鸮形目（Strigiformes） 鸱鸮科（Strigidae）

雕鸮

英　文　名：Eurasian Eagle-Owl

学　　　名：*Bubo bubo*

形态特征：体形硕大，耳羽簇长，眼橘黄色。体色深褐色，颈及胸具黑色纵纹。上体体背具黑色、白色杂斑，下体胸以下具细密的黄色横纹及黑色细纵纹。

习性与分布：分布于古北界、中东、印度次大陆。在中国，虽分布广泛但稀少。在当地为数量稀少的留鸟，较难见到；栖于林缘，听觉灵敏，稍有惊动即飞走，飞行迅速，振翅幅度小。国家二级保护野生动物。

短耳鸮

英 文 名：Short-Eared Owl

学　　　名：*Asio flammeus*

形 态 特 征：全长约 36 cm，雌雄同色，上体灰色，两翼暗褐色，腹部白色而具有黑褐色横斑。虹膜黄色，嘴黑褐色，嘴端近黑色，下嘴基部黄色，跗跖、趾黄色。

习性与分布：分布于全北界及南美洲。在中国为不常见的季节性候鸟。在当地，3—11 月常见，繁殖于草丛、农田，可能因食物原因，雏鸟孵化时间相隔数日。觅食及迁徙时可见于草地、沼泽地及近海地。国家二级保护野生动物。

戴胜目（Upupiformes） 戴胜科（Upupidae）

戴胜

英 文 名：Eurasian Hoopoe

学　　名：*Upupa epops*

形态特征：中等体形，体长约 30 cm。嘴长且下弯。头具有长冠羽，冠羽棕色而端黑色，头、颈、胸棕色，腹白色。翼及尾具黑色、白色相间的条纹。

习性与分布：栖息于山地、平原、农田、草地、村屯和果园等地，尤其以林缘耕地生境较为常见。以虫类为食，在树上的洞内做窝。繁殖期 4—6 月，每窝产卵 6 ~ 8 枚。在中国广泛分布。当地常见，留鸟。

啄木鸟目（Piciformes）
啄木鸟科（Picidae）

大斑啄木鸟

英 文 名：Great Spotted Woodpecker

学　　名：*Dendrocopos major*

形 态 特 征：全长约 23 cm。雄鸟上体黑色，尾黑色，楔形，外侧尾羽有白色横斑，两翼黑色，额部、颊部、颏部、喉部及下体淡棕白色，尾下覆羽红色，枕部有红色斑带。雌鸟似雄鸟，但枕部无红色斑带，虹膜暗红色，嘴黑色，跗跖和趾黑褐色。

习性与分布：栖息于平原、丘陵和山地的阔叶林、园林等处。
善于取食树皮下面的昆虫。繁殖期 5—7 月。每年都新凿洞巢于树干，从不利用旧巢，每窝产卵 3～8 枚，椭圆形，乳白色无斑。在中国广泛分布。当地常见。留鸟。

灰头绿啄木鸟

英 文 名：Grey-Headed Woodpecker

学　　名：*Picus canus*

形 态 特 征：雄鸟头灰色，具黑色眼先、颊纹；头顶顶冠猩红色，枕部黑色。上体绿色，下体全灰色。雌鸟似雄鸟，顶冠灰色而无红色斑。

习性与分布：分布于印度、中国、东南亚等地。在当地常见，活动于林缘，有时至地面寻食，见于多林的园林、公园及村庄附近。春、夏食昆虫，秋、冬兼食植物。

雀形目（Passeriformes） 百灵科（Alaudidae）

凤头百灵

英 文 名：Crested Lark

学　　　名：*Galerida cristata*

形 态 特 征：全长约 18 cm。上体沙褐色，具黑色纵纹，冠羽明显。眼先、颊、眉纹淡棕白色，贯眼纹黑褐色。尾羽较短，黑褐色，两翼褐色，翼尖黑褐色，下体棕白色，喉部及胸部具有黑褐色条纹。虹膜暗褐色或沙褐色，嘴角褐色，跗跖和趾黄褐色。

习性与分布：栖息于荒漠、半荒漠、旱田等地。非繁殖期常结成大群，多为短距离飞行，飞翔时成波浪状前行，喜鸣唱，繁殖期尤为明显。以甲虫和草籽为食。繁殖期 5—7 月，每窝产卵 3 ~ 5 枚，在中国常见于北方地区。当地常见。留鸟。

雀形目（Passeriformes） 燕科（Hirundinidae）

家燕

英 文 名：Barn Swallow

学　　名：*Hirundo rustica*

形 态 特 征：全长约20 cm。翅及尾羽均黑色，背部钢蓝色，额部、喉部及上胸栗色，后胸部有不完整的黑色胸带，胸带中央多杂以栗色，下体白色或近白色，尾甚长，为大叉状，尾羽展开时，白斑连成"V"形。虹膜暗褐色，嘴黑褐色，跗跖和趾黑色。

习性与分布：栖息于村落附近。主要以昆虫为食。繁殖期4—7月，每窝产卵4～5枚。巢多置于人类房舍内外墙壁上、屋椽下或横梁上。在中国广泛分布。当地常见。夏候鸟。

雀形目（Passeriformes） 鹡鸰科（Motacillidae）

白鹡鸰

英 文 名：White Wagtail

学　　　名：*Motacilla alba*

形 态 特 征：全长约 18 cm。黑、白两色。雄鸟额、头顶前部、头侧、颈侧、喉部、颏部白色，头后侧、背、肩部及腰部黑色，尾羽黑色，
最外侧两对为白色。胸部具黑色横斑，下体余部为白色。虹膜褐色，嘴、跗跖黑色。

习性与分布：主要栖息于河流、湖泊、水库、水塘等水域，常单独、成对或成 3 ~ 5 只的小群活动。以昆虫为食。繁殖期 3—7 月，
每窝产卵 4 ~ 5 枚。在中国广泛分布。当地常见。夏候鸟。

黄头鹡鸰

英　文　名：Citrine Wagtail

学　　　名：*Motacilla citreola*

形态特征：全长约18 cm。雄鸟头及下体亮黄色,上体颈背黑色,体背、腰灰色,翼缘白色,具两道翼斑;跗跖和趾黑褐色。雌鸟脸及下体黄色,并有灰色耳羽,上体橄榄绿色。

习性与分布：栖息于河流、水田及庄稼地。常成对或成小群活动,晚上多成群栖息,偶尔和其他鹡鸰栖息在一起。主要以昆虫为食,偶尔也吃少量植物性食物。繁殖期5—7月,每窝产卵4～5枚。通常营巢于地面上。在中国广泛分布。夏候鸟。

黄鹡鸰

英 文 名：Yellow Wagtail

学　　名：*Motacilla flava*

形 态 特 征：全长约 19 cm。嘴、跗跖和趾黑色；腰与体背颜色一致，上体橄榄绿色或橄榄褐色；下体鲜黄色。头部和背部深灰色。尾上覆羽黄色，尾羽褐色。眉纹白色。两翼黑褐色，有一道白色翼斑。雌鸟似雄鸟，但颏部、喉部白色。

习性与分布：栖息于水边及芦苇沼泽地。多成对或成 3 ~ 5 只的小群，以昆虫为食，食物种类主要有鞘翅目和鳞翅目昆虫等。繁殖期 5—7 月，每窝产卵 5 ~ 6 枚。在中国广泛分布。当地 3—7 月常见。夏候鸟。

雀形目（Passeriformes） 太平鸟科（Bombycillidae）

太平鸟

英 文 名：Bohemian Waxwing

学　　名：*Bombycilla garrulus*

形 态 特 征：全长约 18 cm。大体粉褐色，具冠羽。头、后颈、颊部红褐色，黑色贯眼纹延伸至冠羽平齐，背部褐色，尾羽有黄色的端斑和黑色的次端斑，两翼黑色且具两个白色斑及黄色翼线，颏部、喉部黑色，尾下覆羽红色。

习性与分布：主要栖息于针叶林或阔叶林，有时甚至出现在果园、城市公园等人类居住环境的树上。在繁殖期主要以昆虫为食，秋后则以浆果为主食。繁殖期 5—7 月，每窝产卵 4 ~ 7 枚。在中国越冬于东部及中北部。在当地 11 月至翌年 5 月可见。冬候鸟。

雀形目（Passeriformes） 伯劳科（Laniidae）

灰伯劳

英 文 名：Great Gray Shrike

学　　名：*Lanius excubitor*

形态特征：体形大的伯劳，体长约 24 cm。体羽灰色，眉纹细白，过眼纹黑色，翅黑色、有白斑，下体硫黄色，尾羽黑色且外侧尾羽白色。

习性与分布：栖息于平原到山地的疏林或林间空地。国外分布于欧亚大陆、北美。国内见于北部地区。当地常见，留鸟，但数量不多。

荒漠伯劳

英 文 名：Rufous-Tailed Shrike

学　　名：*Lanius isabellinus*

形态特征：体形较小的灰沙褐色伯劳，头顶及喙基淡沙褐色，过眼纹黑色，眉纹白色。雌鸟似雄鸟，但眼先斑为褐色，杂有淡黄色羽，过眼纹及耳羽均为褐色，初级飞羽基部有白色翅斑，在颈侧及胸部可见细微的褐色鳞斑。

习性与分布：常见于荒漠地区疏林地带及绿洲、村落附近，多栖息在枝头或电线上。国内常见于黑龙江、内蒙古、甘肃、宁夏、青海、新疆等地。

雀形目（Passeriformes） 椋鸟科（Sturnidae）

灰椋鸟

英 文 名：White-Cheeked Starling

学　　　名：*Sturnus cineraceus*

形 态 特 征：嘴黄色而尖黑色。头、颈黑色，脸侧具白色丝状斑。上体灰褐色，腰白色。翼黑色，次级飞羽具狭窄白色纹。尾端外侧白色。雌鸟体色暗淡，下体黑色较重。

习性与分布：分布于西伯利亚及中国、日本、越南、缅甸、菲律宾。在当地为常见留鸟，群栖，生活于居民区、农田，取食城市垃圾、植物浆果等。

雀形目（Passeriformes） 鸦科（Corvidae）

灰喜鹊

英 文 名：Azure-Winged Magpie

学　　名：*Cyanopica cyanus*

形 态 特 征：全长约 36 cm，上体近灰色，头、额部至枕部及头上半部黑色，并有蓝色金属光泽，两翼及尾天蓝色，嘴、脚黑色，中央尾羽端部白色。

习性与分布：栖息于开阔的松林及阔叶林、公园甚至城镇居民区，取食昆虫、果实及动物尸体，喜小群活动。5—7 月繁殖，在树顶筑巢。留鸟。

达乌里寒鸦

英　文　名：Daurian Jackdaw

学　　　名：*Corvus dauuricus*

形 态 特 征：除后颈、胸、腹白色外，其余体色黑色；嘴形短，黑色；耳羽具丝状白色纹。

习性与分布：分布于俄罗斯东部、西伯利亚、西藏高原东部边缘及中国中部、东北、华北。集小群停歇于路边电线杆及树冠上，觅食于地面。冬候鸟，当地常见。

秃鼻乌鸦

英 文 名：Rook

学　　名：*Corvus frugilegus*

形 态 特 征：全长 47 cm，大体似小嘴乌鸦，区别于额弓高凸，嘴圆尖，基部裸露皮肤灰白色。飞行时尾楔形，两翼稍细长，翼指明显。嘴角黑色。

习性与分布：栖息于低山、平原、湿地及村庄周边，主食植物种子和昆虫。旅鸟，较常见。

小嘴乌鸦

英　文　名：Carrion Crow

学　　　名：*Corvus corone*

形 态 特 征：全体黑色，嘴形细，上嘴缘较直。前额较平缓。

习性与分布：分布于欧亚大陆、非洲东北部及日本。在中国，繁殖于华中及华北，有些越
　　　　　　冬于华南及东南。在当地不定期出现；常单独活动；停歇于路边电线杆及树
　　　　　　冠上，到地面觅食。

雀形目（Passeriformes） 鸫科（Turdidae）

北红尾鸲

英 文 名：Daurian Redstart

学　　名：*Phoenicurus auroreus*

形 态 特 征：全长约 15 cm。雄鸟眼先、头侧、喉部、上背及翼黑褐色，翼上有白斑，额部、头顶至后颈灰白色，中央尾羽黑褐色。雌鸟具白色眼圈，翅灰黑色至棕灰色，具白色翼斑；上体偏褐色，腰及尾侧红色；下体白色，尾下覆羽红色。

习性与分布：栖息于灌丛、草地、耕地与矮树丛中，喜近水处。以昆虫、植物种子为食。繁殖期 5—7 月，营巢于树洞或石缝中，每窝产卵 6 ～ 8 枚。在中国分布广泛。当地常见。夏候鸟。

赤颈鸫

英 文 名：Red-Throated Thrush

学　　名：*Turdus ruficollis*

形 态 特 征：全长约 25 cm，雄鸟上体灰褐色，颈侧、喉部及胸部红褐色，翼灰褐色，中央尾羽灰色，外侧尾羽灰褐色，腹部白色。雌鸟似雄鸟，羽色稍浅，喉部有黑色纵纹。

习性与分布：栖息于丘陵疏林、平原灌丛中。成群活动，食昆虫、浆果、植物种子。5—7 月繁殖，营巢于小树杈上。每窝产卵 4 ~ 5 枚。旅鸟，常见。

斑鸫

英　文　名：Dusky Thrush

学　　　名：*Turdus eunomus*

形 态 特 征：全长约 25 cm，雄鸟上体灰褐色，有浅色眉纹，翼红棕色，尾黑褐色，腹面棕白色，胸部、胁具棕红色鳞状斑。雌鸟羽色、斑纹较雄鸟淡。

习性与分布：栖息于丘陵地区的林缘、灌丛中，多成小群在地面活动，取食昆虫、种子。旅鸟，当地常见。

白顶䳭

英 文 名：Pied Wheatear

学　　名：*Oenanthe pleschanka*

形 态 特 征：体形中等，雄鸟上体全黑色，仅头顶、颈背和腰白色，颏部及喉部黑色。雌鸟上体偏褐色，眉纹皮黄色，颏部及喉部色深，胸偏红，胁皮黄色，臀白色，外侧羽基部白色。

习性与分布：栖息于多石块而有矮树的荒地、农庄城镇，停栖时，尾常上下摇动，从栖息处捕食昆虫。国内见于北京、内蒙古、河北、天津、河南等地区。

雀形目（Passeriformes） 莺科（Sylviidae）

黄腰柳莺

英 文 名：Pallas's Leaf Warbler

学　　名：*Phylloscopus proregulus*

形 态 特 征：眉黄色，顶冠纹黄色。上体绿色而腰黄色。翼具两道黄色翼斑。下体灰白色沾黄色。

习性与分布：繁殖于亚洲北部，在印度、中国南方及中南半岛北部越冬。在当地4—5月和9—10月常见，栖息于森林的中上层，喜柳树，有时到灌丛及芦苇丛中，性活泼。

黄眉柳莺

英 文 名：Yellow-Browed Warbler

学　　名：*Phylloscopus inornatus*

形 态 特 征：眉前黄色而后白色，无顶冠纹。上体橄榄绿色，翼具两道白色翼斑，三级飞羽端白色，下体白色沾黄绿色。

习性与分布：繁殖于中国东北部，越冬于印度、东南亚。在当地 4—5 月和 8—10 月常见，栖息于森林的中上层，喜柳树，有时到灌丛及芦苇丛中，性活泼。

蒲苇莺

英 文 名：Sedge Warbler

学　　名：*Acrocephalus schoenobaenus*

形 态 特 征：全长约 12.5 cm，上体橄榄褐色而多具近黑色纵纹，宽而白的眉纹，上方具黑色条纹；顶冠橄榄绿色而带黑色纵纹；下背、腰及尾上覆羽栗色；下体白色，胸侧及两胁沾褐黄色，虹膜灰褐色，嘴角褐色。

习性与分布：在中国分布于新疆西北部，栖息于有高草、芦苇及矮丛的沼泽地带。
　　　　　　常见于低处活动，鸣叫时尾抽动，主要以昆虫为食，繁殖期5—7月，营巢于灌丛或草丛中，每窝产卵 4 ~ 6 枚，当地夏候鸟。

雀形目（Passeriformes） 山雀科（Paridae）

大山雀

英 文 名：Great Tit

学　　名：*Parus major*

形态特征：全长约14 cm。头黑色，两侧各具一大型白斑，上体灰色沾绿色，下体白色，中央贯以醒目的黑色纵纹。虹膜褐色，嘴黑色，跗跖和趾暗褐色。

习性与分布：栖息于山区针叶林、阔叶林间。以昆虫、蜘蛛为食。繁殖期4—8月，营巢于天然树洞中，每窝产卵6～9枚。分布于内蒙古各地山区及东北三省、华北、华中等地。当地偶见。留鸟。

褐头山雀

英 文 名：Willow Tit

学　　名：*Parus montanus*

形 态 特 征：全长约 12 cm。上体灰褐色，头顶至后枕部黑褐色，喉部黑褐色，颈侧白色，下体污白色，胸及两胁沾皮黄色。

习性与分布：栖息于海拔 800 ～ 4000 m 湿润的山地针叶林中。多小群活动。4—5 月繁殖，每窝产卵 4 ～ 6 枚，孵化期 12 ～ 16 天，双亲育雏。留鸟，常见。

银喉长尾山雀

英 文 名：Long-Tailed Tit

学　　名：*Aegithalos caudatus*

形 态 特 征：体形纤小，全长 10.8 ~ 13.1 cm。体羽蓬松，呈绒毛状，头顶、背部、两翼和尾羽呈现黑色或灰色，下体纯白色或淡灰棕色，向后沾葡萄红色，部分喉部具暗灰色块斑，尾羽长度多超过头体长。雌鸟羽色与雄鸟相似。虹膜褐色；嘴黑色；脚棕黑色。

生活与习性：该鸟行动敏捷，来去突然，常见跳跃在树冠间或灌丛顶部，生活在各种环境的树林中，群居或常与其他雀类混居，以昆虫及植物种子等为食。当地冬季常见，冬候鸟。

雀形目（Passeriformes）
雀科（Passeridae）

文须雀

英 文 名：Bearded Reeding

学　　名：*Panurus biarmicus*

形 态 特 征：全长约 16 cm。雄鸟头浅灰色，眼先黑色，并向下形成较宽的须状纹，此为其突出特征。翼由黑色、白色、皮黄色组成特殊的斑纹。喉部、胸部白色沾粉色。雌鸟体色淡，无黑色须，喉部、胸部白色，尾下覆羽白色沾黄色。橙黄色嘴尖细，跗跖和趾黑色。

习性与分布：栖息于北方多芦苇环境，结群活动于芦苇丛或枝叶间。繁殖期 4—7 月，通常营巢于芦苇或灌木下，每窝产卵 5 ~ 6 枚。
国内分布于新疆、青海、甘肃、内蒙古及东北北部，在东北南部及河北为冬候鸟。当地常见，数量较多。留鸟、夏候鸟。

普通朱雀

英　文　名：Common Rosefinch

学　　　名：*Carpodacus erythrinus*

形 态 特 征：雄鸟头红色，无眉纹，耳羽色深；上体灰褐色，腰红色；下体、喉部、胸部红色，腹及尾下白色。雌鸟上体灰褐色且具暗纵纹；下体白色沾污黄色，喉部至胸部及两胁具褐色纵纹。

习性与分布：繁殖于中国西北部，越冬于印度、中南半岛及中国南方。在当地4—5月及8—10月常见，单独、成对或结小群活动，栖息在丛林空地、灌丛及溪流旁，飞行呈波浪状。

雀形目（Passeriformes）
燕雀科（Fringillidae）

金翅雀

英 文 名：Oriental Greenfinch

学　　名：*Carduelis sinica*

形 态 特 征：全长约 14 cm。雄鸟头部灰褐色，耳羽沾黄色，背部及翼覆羽暗褐色，腰黄色；喉部至上胸部黄褐色，腹及两胁棕黄色，尾下覆羽黄色。雌鸟体色较暗，黄色翼斑也较小。虹膜栗褐色，嘴黄褐色，跗跖和趾淡棕黄色。

习性与分布：栖息于山地、灌丛、人工林、公园和村旁的树林。以杂草和树木种子为食，也食昆虫和谷物。繁殖期 3—8 月，每窝产卵 4 ~ 5 枚。
终年留居于内蒙古各地及东北三省、华北、华中等地区，当地常见，留鸟。

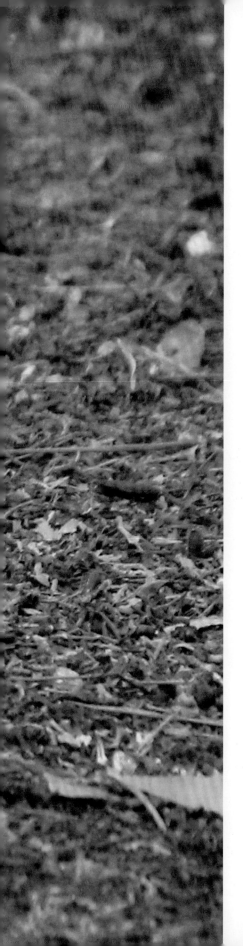

锡嘴雀

英 文 名：Hawfinch

学 名：*Coccothraustes coccothraustes*

形 态 特 征：嘴形粗大，眼先、嘴基及颏部黑色，颈侧及后颈灰色。上体头顶暖褐色，后颈灰色，体背茶褐色，腰淡褐色。下体淡黄褐色，臀白色。翼灰黑色且具白色大翼斑。尾较短、暖褐色，尾端白色，略凹。

习性与分布：分布于欧亚大陆的温带区。在当地，11 月至翌年 4 月越冬；成对或结小群活动；栖息于林地、花园及果园；通常惧生而安静。

雀形目（Passeriformes）
鹀科（Emberizidae）

苇鹀

英　文　名：Pallas's Bunting

学　　　名：*Emberiza pallasi*

形态特征：全长约 14 cm。雄鸟繁殖期头黑色，白色颊纹与白色颈环相连；上体蓝灰色，小覆羽灰色，下体白色；非繁殖期上体黄褐色，体背具纵纹，下体沙皮黄色。雌鸟耳羽、头沙棕色，喉部白色，颊纹白色而粗；上体沙棕色，下体白色。

习性与分布：栖息于灌丛、近水、芦苇丛，也见于丘陵和山区。以植物及各种昆虫等为食。繁殖期5—7月，每窝产卵 2 ~ 6 枚。繁殖于内蒙古、呼伦贝尔及黑龙江，迁徙时途经内蒙古、华北、华中等地，在甘肃、江苏、福建等地越冬。

结语

　　研究鸟类、保护环境是我们共同的责任和义务。美丽的鸟儿美化了世界，也装点了环境，它们是人类亲密的朋友。生态学告诫我们，让鸟类灭绝的环境，也将是人类无法生存的世界！

　　"同志们！推动黄河流域生态保护和高质量发展非一日之功，要保持历史耐心和战略定力，以功成不必在我的精神境界和功成必定有我的历史担当，既要谋划长远，又要干在当下，一张蓝图绘到底，一茬接着一茬干，让黄河造福人民。"习总书记铿锵有力的话语会永远激励我们不忘初心牢记使命，不畏艰难开拓前行。相信，用我们的智慧和汗水一定会培育出香飘四溢的果实。